Crinkleroot's

森林爷爷自然课

鸟世界认知指南

[美] 吉姆·阿诺斯基　著/绘

洪宇　译

人民东方出版传媒
People's Oriental Publishing & Media

东方出版社
The Oriental Press

作者序

亲爱的中国小读者们，在这套书里，我想向你们介绍一位老朋友——"森林爷爷"克林克洛特。很多年前，我在大森林深处一间小木屋里生活时，创作了这个人物，希望他成为自然探索向导，引领全世界热爱大自然的孩子们去不断探索。

不管哪个季节，森林爷爷总是精力充沛、精神焕发。他能找到藏在树叶间的秘密，他能读出写在雪地上的故事。而他最开心的，就是跟你们分享这些秘密和故事。

吉姆·阿诺斯基

你好！在穿过树林的路上，你看到鸟了吗？你知道它们属于什么种类吗？你能说出它们的名字吗？

我是森林爷爷克林克洛特。我现在要去观察鸟类。如果你能保持安静，就跟我一起去吧。观察鸟类时需要慢慢地移动，轻轻地迈步。如果鸟儿听到或看到你来了，它们就会马上逃之夭夭。

通过双筒望远镜，我可以更加清楚地观察到鸟类，同时与它们保持距离。

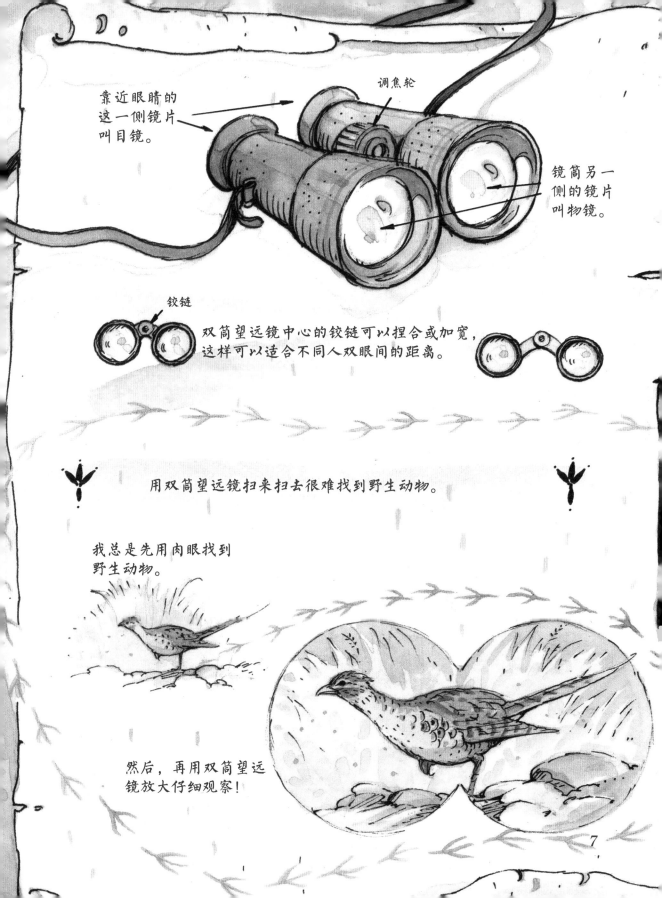

靠近眼睛的这一侧镜片叫目镜。

调焦轮

镜筒另一侧的镜片叫物镜。

铰链

双筒望远镜中心的铰链可以捏合或加宽，这样可以适合不同人双眼间的距离。

用双筒望远镜扫来扫去很难找到野生动物。

我总是先用肉眼找到野生动物。

然后，再用双筒望远镜放大仔细观察！

许多小鸟都是孤单又害羞的，充满了神秘感。要发现它们在树枝间飞来飞去，或者在灌木丛下跳来跳去，需要敏锐的观察力和足够的耐心。

♂ 这个符号表示雄性   ♀ 这个符号表示雌性

这是两种非常容易害羞的小鸟，看你以后能不能遇到它们。

黄喉地莺

请注意，在鸟类中，通常是雄性的颜色更鲜艳，或者说特征更明显。

金冠戴菊

黑顶山雀并不神秘，也不爱害羞，它们是我知道的最友好的小鸟。

黑顶山雀

雌性和雄性相似。

雄性山雀与雌性山雀看起来几乎一模一样。两个性别符号并列，表示雄性和雌性外表差别不大。

下图以黑顶山雀为例，展示鸟类身体各部位的名称。

头顶

颊

额

背

喙

翅膀

喉

臀

尾

胸

腹

胁

爪

腿

如果你一动不动，保持耐心，不直视它们，黑顶山雀甚至敢站到你手上吃种子。

除了好眼神，你还可以通过鸟类的鸣叫声确定它们的位置，甚至分辨它们的种类。

鸣叫声悦耳动听的鸟类被称为鸣禽，每种鸣禽的鸣叫声都是独一无二的。

嗒滴嗒滴嗒滴

嗒滴滴滴 嗒滴滴滴

北美金翅雀

北美知更鸟

12

北美红雀

滴滴嘟嘟 滴滴滴

歌带鹀（wú）

嘶滴嘶滴

滴滴滴嘟哩 滴滴滴嘟哩

棕林鸫（dōng）

在鸣禽中，雄鸟是歌唱的主力。

13

冠蓝鸦

乌鸦

冠蓝鸦是一种很喧闹的鸟。它们总是喜欢用刺耳的叫声宣示它们的存在。乌鸦"呱呱呱"的叫声很容易辨认。一群乌鸦飞来飞去，大呼小叫，听起来像是在空中打群架。

14

嗒嗒！嗒嗒！

咚咚！

咚咚！

啄木鸟

嘟嗒嗒嗒嗒！

呱呱

呱 呱 呱

呱呱咕呱

啄木鸟用喙敲击枯木和生虫子的树，然后
啄掉一些树皮，找到生活在腐烂木头里的虫子，
将它们吃掉。

15

在水边，你可以听到熟悉的鸭叫声、鹅叫声和海鸥的叫声。偶尔，你还可以听到一种奇怪的、有点儿"异国情调"的叫声：咔咕嚓！

呜哦！

雌性和雄性相似。

呜哦！

加拿大雁

呱啊呱啊！

银鸥

雌性和雄性相似。

嘎呱！

嘎呱嘎呱！

林鸳鸯

咔咔噜！

绿头鸭

嘎！
嘎！
嘎！

麻鳽

雌性和雄性相似。

蜂鸟飞在花丛中，扇动翅膀时会发出嗡嗡嗡的声音，这种声音和蜜蜂的声音很像，因此叫蜂鸟。蜂鸟用长长的舌头舔食甜美的花蜜。

嗡 嗡 嗡

本页显示的是一只雄性红喉蜂鸟，对页上是一只雌性红喉蜂鸟。

蜂鸟是世界上最小的鸟！

雌鸟和鸟巢实际上差不多就这么大。

这个由植物和蛛丝编织成的鸟巢，刚好装得下两枚豌豆大小的蛋。

鸟巢的大小和形状有很多，材料也不相同。下面只是其中的几种。

歌绿鹃

由树皮和植物纤维构成的杯状鸟巢。

北美知更鸟

由草、树枝和泥构成的鸟巢。

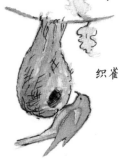

织雀

用植物纤维和树皮编织成的袋状鸟巢。

啄木鸟

洞巢

家燕

泥质鸟巢

渡鸦

用树枝搭建的大型鸟巢

19

雏鸟刚出生时通常没有羽毛，看起来很滑稽，慢慢它们会长出毛绒绒的羽毛。它们那超大的、色彩鲜艳的嘴能张得很宽，好让成鸟又快又方便地把食物喂进去。

雏鸟是很难亲眼看到的，我想你会喜欢这些雏鸟画像的。

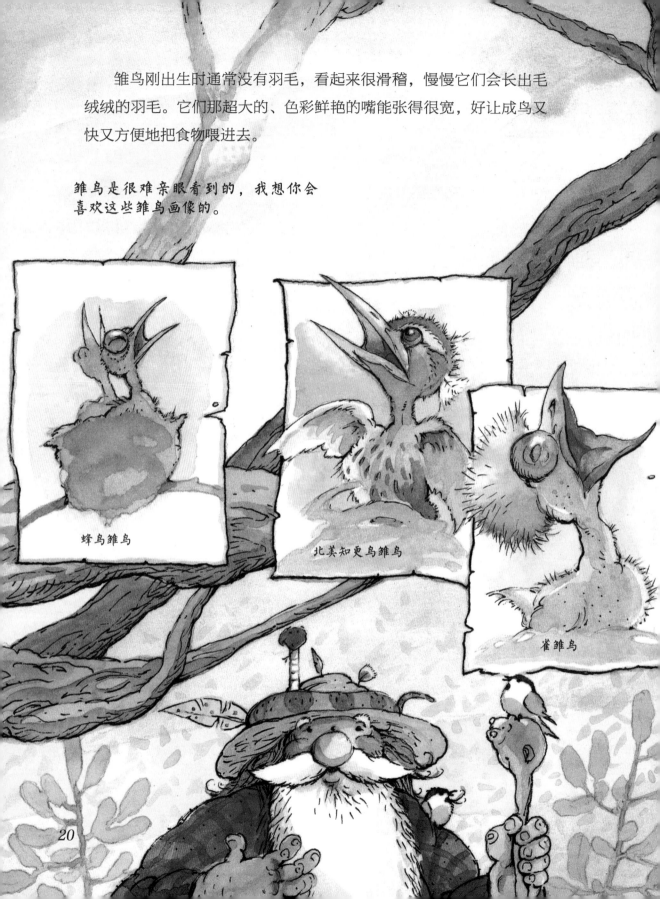

蜂鸟雏鸟

北美知更鸟雏鸟

雀雏鸟

20

鸟类父母非常辛苦，总是忙着给它们饥饿的雏鸟带来食物。

冠蓝鸦雏鸟

鹰雏鸟

鹭雏鸟

猫头鹰雏鸟

雏鸟长得很快，几周后，它们就差不多和父母一样大小了。一旦长出所有的羽毛，雏鸟就准备飞离鸟巢了。

一只出壳一小时的家燕

两天大

一周大

两周大

三周后，小家伙
准备飞翔了！

尽管雏鸟跟成鸟很像，但你可通过喙的颜色分辨他们。

许多种类的雏鸟需要经过
一段时间才能长出成鸟的
羽毛，所以，我们也可以
通过羽毛的特征和颜色辨
认出雏鸟。

幼年北美知更鸟

成年北美知更鸟

23

一些鸟类在出生的地方度过一生。这些"常驻"鸟类被称为留鸟，在它们的栖息地，常年都能看到它们的身影。

黑美洲鹫

家麻雀

24

毛发啄木鸟

美洲雕鸮（xiāo）

角鸮

山雀

北美红雀

这幅画面里展示的都是留鸟。

黑顶山雀

北美黑啄木鸟

鸸（shī）

披肩榛鸡

野火鸡

其他种类的鸟每年秋天都会飞走，到温暖的地方过冬。到了春天，它们又迁回出生地筑巢繁育。这些鸟被称为候鸟。

野鸭

滨鸟

鹤

蜂鸟

莺

鹪鹩（jiāo liáo）

蓝鸲（qú）

大雁

燕子

黄头黑鹂

无论它们待在哪里，无论它们飞到哪里，鸟类都会给风景增添色彩，带来活力和欢乐。

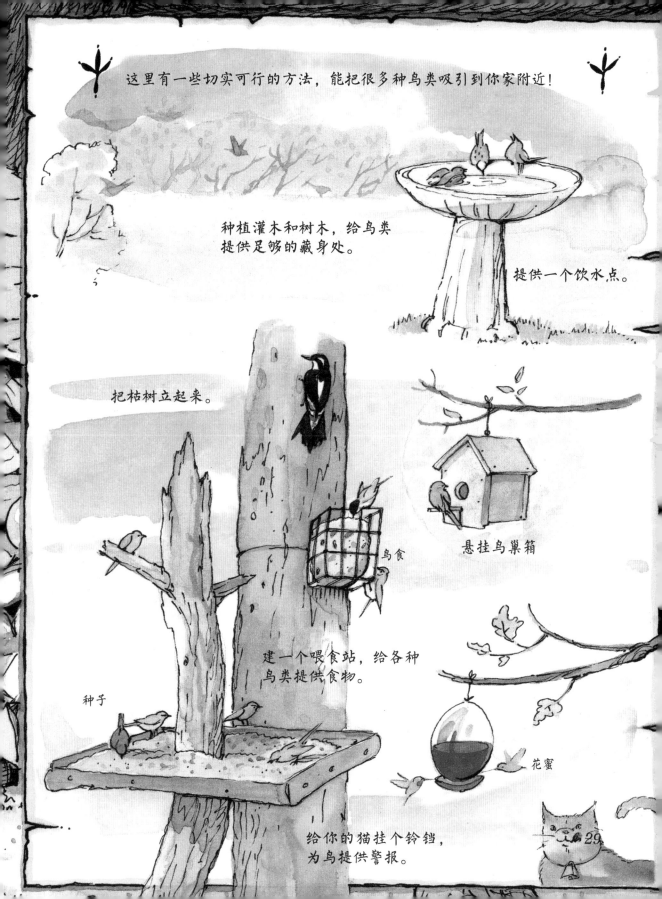

这里有一些切实可行的方法，能把很多种鸟类吸引到你家附近！

种植灌木和树木，给鸟类提供足够的藏身处。

提供一个饮水点。

把枯树立起来。

鸟食

悬挂鸟巢箱

建一个喂食站，给各种鸟类提供食物。

种子

花蜜

给你的猫挂个铃铛，为鸟提供警报。

29

我在列一张我们今天徒步时看到的鸟类的名单。

30

这是我们徒步
看到的一部分鸟！

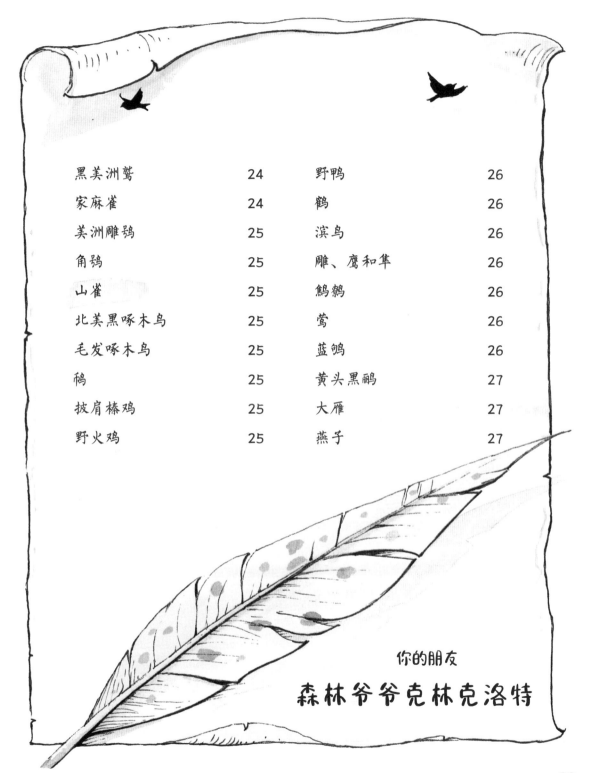

你的朋友

森林爷爷克林克洛特

图书在版编目（CIP）数据

森林爷爷自然课 . 鸟世界认知指南　/（美）吉姆・阿诺斯基著绘；洪宇译
. — 北京：　东方出版社，2021.11
ISBN 978-7-5207-2093-9

Ⅰ . ①森… 　Ⅱ . ①吉… ②洪… 　Ⅲ . ①自然科学－儿童读物②森林旅游－
儿童读物 Ⅳ . ① N49 ② S788.2-49

中国版本图书馆 CIP 数据核字（2021）第 041762 号

CRINKLEROOT'S GUIDE TO BIRDS BY JIM ARNOSKY

Copyright: © 2015, 1992 BY JIM ARNOSKY

This edition arranged with SUSAN SCHULMAN LITERARY AGENCY, INC
through BIG APPLE AGENCY, INC., LABUAN, MALAYSIA.

Simplified Chinese edition copyright:

2021 Beijing Young Sunflower Publication CO.,LTD

All rights reserved.

著作权合同登记号：图字：01-2021-0149

森林爷爷自然课（全 12 册）
（SENLIN YEYE ZIRAN KE）

著　　绘：[美] 吉姆・阿诺斯基
译　　者：洪　宇
策 划 人：张　旭
责任编辑：丁胜杰
产品经理：丁胜杰
出　　版：东方出版社
发　　行：人民东方出版传媒有限公司
地　　址：北京市西城区北三环中路 6 号
邮　　编：100120
印　　刷：鸿博昊天科技有限公司
版　　次：2021 年 11 月第 1 版
印　　次：2021 年 11 月第 1 次印刷
印　　数：1—10000 册
开　　本：650 毫米 ×1000 毫米　1/12
印　　张：44
字　　数：420 千字
书　　号：ISBN 978-7-5207-2093-9
定　　价：238.00 元
发行电话：（010）85924663　85924644　85924641